U0310307

当代顶级景观设计详解
TOP CONTEMPORARY LANDSCAPE DESIGN FILE
本书编委会·编

滨水景观
WATERFRONT LANDSCAPE

中国林业出版社
China Forestry Publishing House

图书在版编目（ＣＩＰ）数据

滨水景观 / 《滨水景观》编委会编 . -- 北京：中
国林业出版社，2014.8
　　（当代顶级景观设计详解）
　　ISBN 978-7-5038-7510-6

　　Ⅰ . ①滨… Ⅱ . ①滨… Ⅲ . ①理水（园林）－景观设
计 Ⅳ . ① TU986.4

　　中国版本图书馆 CIP 数据核字（2014）第 107327 号

编委会成员名单
主　编：董　君
编写成员：董　君　　张寒隽　　张　岩　　金　金　　李琳琳　　高寒丽　　赵乃萍
　　　　　裴明明　　李　跃　　金　楠　　邵东梅　　李　倩　　左文超　　陈　婧
　　　　　姚栋良　　武　斌　　陈　阳　　张晓萌

中国林业出版社 · 建筑与家居出版中心
出版咨询：（010）8322 5283
责任编辑：纪亮　王思源

出版：中国林业出版社　（100009 北京西城区德内大街刘海胡同 7 号）
网址：http://lycb.forestry.gov.cn
E-mail：cfphz@public.bta.net.cn
电话：（010）8322 5283
发行：中国林业出版社
印刷：北京利丰雅高长城印刷有限公司
版次：2014 年 8 月第 1 版
印次：2014 年 8 月第 1 次
开本：170mm×240mm　1/16
印张：12
字数：150 千字
定价：88.00 元（全套定价：528.00 元）

鸣谢：
感谢所有为本书出版提供稿件的单位和个人！由于稿件繁多，来源多样，如有错误出现或漏寄样书，敬请谅解并及时与我们联系，谢谢！电话：010-83225283

目录

CONTENTS

滨水

WATERFRONT
LANDSCAPE

布卡克海滩重建项目
Bulcock Beach Foreshore Redevelopment

项 目 名 称：布卡克海滩重建项目
设 计 师：PLACE 设计集团

　　布卡克海滩的前滩是一个独特的景点，具有重要的环境、娱乐和风景价值。在地理位置敏感、建设预算经费有限的条件下，该项目面临着基础设施更新和升级的挑战。在项目的设计和施工阶段，PLACE 设计集团始终对咨询团队进行协调和管理。这一综合团队成员包括结构工程师、工料估算师、岩土工程师、土壤学家、建筑师、雕刻艺术家、解说顾问、宣传顾问、液压和电气顾问。

　　PLACE 设计集团也将街园家具城、Chelmstone 公司、贝尔不锈钢公司和都市艺术工程公司引进到该项目中，并与这几家专业供应商和制造商合作，使这一建筑景观既出类拔萃又稳固耐用。该项目在设计、装饰、细节和材料的选择上，考虑了景点功能及其浮石通道的海上位置，将产生持久的社会价值。通过极大地改善海滩通道和增加市民休闲娱乐的机会，该重建项目使布卡克海滨重新恢复了活力，为当地居民和旅游者提供了一个备受欢迎的休闲娱乐圣地。

霍恩博格海滨公园

Hornsbergs Strandpark

项 目 名 称：霍恩博格海滨公园
项 目 地 址：瑞典 斯德哥尔摩
设 计 师：Bengt Isling

　　霍恩博格海滨公园是一处美丽的所在：水陆相交在弯曲的河岸，景观设计现代感十足，拥有自然的圆形造型，线条干净利落。该公园向西面对着 Ulvsundasjon，傍晚时分还可见夕阳西下的美景。滨水岸区和 3 个长长的浮动码头让游客仿佛置身于水光交融之中。特别是炎炎夏日的午后，这里更成为了一片绿洲。周围的居民都来到这里晒太阳、游泳。公园里还有几处富有特色的休闲座椅区和一处淋浴场。 淋浴场内有一个安置在高处的水槽，通过太阳能给水加热，可供慢跑者使用。

　　整个公园绵延超过 700 米，由 4 个部分组成。公园的西部有一用作日光浴场的防波堤，木质船坞高高低低地插入湖中。东部的卡雅帕区与设计自然的河滨公园形成了对比。该区域呈水平圆盘状，轻微地向水面倾斜并略高于周围景观。更东边的部分是一个经过重建的原有景观，改造后的景观使游客更容易到达。

　　该工程还包括莫阿马丁森广场。基于广场设计的建议，Nyréns
着重于两点：一是设计广场与 Ulvsundasjon 交界处一个小景点的
空间环境，二是为了突出作家莫阿马丁森所进行的艺术装饰。为了
构成通往大楼的通道，广场的地表高于周围路面。这种高度差形成
了一面墙和几处台阶，可供游人休息。面向广场开放的楼梯，沿对
角线向前延伸便到了湖边，而其前方便是卡雅帕区。

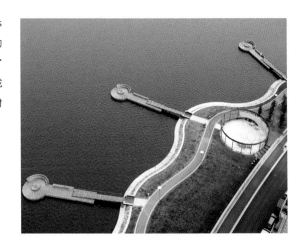

杰克·埃文斯船港

Jack Evans Boat Harbour-
Tweed Heads - Stage 1

项 目 名 称：杰克·埃文斯船港
项 目 面 积：49,000 平方米
设 计 师：ASPECT Studios

　　杰克·埃文斯船港景观设计项目是一处宜居景观，显示出潮间带不断变化所带来的非凡美景。

　　该设计的基本组织元素是简单的、阶梯式的混凝土造型。它们共同围合出船港的边缘。此次设计的成功之处在于创建了休闲娱乐场所，同时利用河流本身的潮汐特性创造出独一无二、不断变化的公用绿地体验。海岸人口不断增长，城市越来越拥堵，使杰克·埃文斯船港的绿地承受着巨大的使用压力，而正是这种简单的设计方案，将确保其长期存在。

　　沿着港口开发出一系列与水域密切相关的项目，其中包括：新海滩和海滩甲板、岩石海岬、"都市码头"、木板路、圆形水剧场、游泳场、钓鱼处和划船处。这些项目的设计旨在抵抗频发的潮汐和暴风雨所带来的洪水泛滥，并使公园的周边地区抵抗未来气候变化和海平面上涨所带来的影响。此外，海岸线改造后形成了一个在任何潮位段都"全能"的斜坡接岸，因此，这里也是该地区独一无二的娱乐休闲场所。

深圳湾海滨区
Shenzhen Bay Coastline Park

项 目 名 称：深圳湾海滨区
项 目 地 址：深圳
景 观 设 计：SWA 景观设计咨询有限
公司

　　深圳湾海滨区的设计与施工给 1,000 万市民提供了一个永久性的公共海滨公园。作为不可替代的生态系统，该设计也给海滨区带来了新的活力，成为中国南方的一个人文景观，也是水域可持续发展的典范。

　　深圳位于中国珠江三角洲地区，该地以若干条江河入海形成的复杂地势而闻名。历史上，深圳曾经是一个小渔村，在 1980 年被确立为中国经济特区。30 年来，一直坚持走现代化道路。当地全面开采山脉用来填充海湾，快速扩大开发土地，所以集聚了巨额资金。由于海湾的存在，这里的人们世世代代都靠它寻找方向。可现在的人们只能慨叹，脚下的水为何消失得如此之快。

　　深圳抱负远大、坚持不懈，高度重视创造现代化前沿技术，已经发展成为国际公认的大都市。然而，深圳付出的代价就是成为了日渐喧嚣的城市：遍地都是起重机、翻斗卡车和建筑施工队。深圳举办过一次国际设计大赛，SWA 从中脱颖而出，以"海岸、连接和

循环"为关键点,以建设最终堆填海岸线为理念,从而把海湾建成富有历史感的景观。随后,SWA 景观设计咨询有限公司团队从规划理念到设计开发,做出诸多规划,并在施工阶段提供了多项服务。

Jon Storm 公园

Jon Storm Park

项目名称：Jon Storm 公园
项目地址：美国 俄勒冈
项目面积：28,700 平方米
设 计 师：Lango Hansen ,
Landscape Architects

在 Jon Storm 公园可以欣赏到 Willamette 河的壮丽景观。公园里设有草坪区，可以用于各种用途；小径在河边蜿蜒伸展。公园里有许多人行道，可以直接通往停车场、休息室、过渡人行道和一个悬空的看台。悬空看台从板桩墙伸出，从上面可以欣赏 Willamette 瀑布及下面河流的壮观景色。主通道附近的标识牌传递着这个地区的历史气息，同时也反应出这片空地对俄勒冈州发展的重要性。

公园的停车区安排在俄勒冈州运输部（ODOT）的地产上，位于 I-205 立交桥的下面。30 个停车位沿着种满本地草类的生态沼泽地布置，生态沼泽地可以在沥青路面排出的污水进入河流之前将其过滤。停车场内设置了符合美国残疾人法案（ADA）的停车位，公园内所有的通道都符合方便进出的要求。

除了草坪区和人行道附近的野餐餐桌以外，公园内还设置了许多石墙，可以用作座位区，使人联想到了俄勒冈州随处可见的历史

石墙。有了这些石墙，人们就可以聚在一起欣赏风景、吃午餐，或欣赏河边的河船。看台附近还有一个野餐屋。

作为公园改造的一部分，俄勒冈州重新铺设了公园附近的主干道 Clackamette 车道，并且在公园对面修建了一条宽敞的回车道。这条街道本来没有出口，修建回车道以后，城市里的电车和旅行车就可以从这里通过。

Jon Storm 公园的改造还包括一条名为"Willamette 小径"的通道，这条小径把 Jon Storm 公园和原来的 Clackamette 公园连接在一起。这条多模式的柏油小路宽 12 英尺，在种满本地植物的地面上蜿蜒伸展，以满足各种要求。

什未林国家花园展
National Garden Show Schwerin

项目名称：什未林国家花园展
项目地址：德国 什未林
项目面积：31,000 平方米
设计公司：GESELLSCHAFT
VON TOPOTEK 1
LANDSCHAFTSARCHITEKTEN MBH

　　"水"是海滨花园设计的中心问题。小路新的布局以各种方式探索"水"的潜质，通向水边、水上和水中的各个站台，每条小路都有自己正式的语言，它们组合在一起，呈线性延伸，形成了一个动态的主题：时而弯曲、时而开阔、时而狭窄。沿着小路生长着一些多年生、一年生植物，加强了花园"水"的主题。

　　游客可以从城堡来到海滨花园。水边的小路带领着游客穿过湖港、芦苇和有一片有运动场的空地，一路来到划船俱乐部的平台上，

从平台上可以俯瞰如诗如画的睡莲，一览湖面和后面城堡的全景。然后，小路沿着自然海岸延伸，穿过一棵可以乘凉的大树，最终来到临时海滩，海滩上的白砂和棕榈树形成了一幅梦幻般的海景。从这里开始，小路转向湖面，通过一个浮桥通往湖的另一侧。在浮桥的中间有一个漂浮着的水上休息室，突出了湖上通道的伸展，在这里，人们可以在酒吧品尝鸡尾酒，或者喝一杯清凉的水。

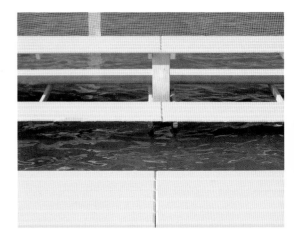

上海世茂昆山蝶湖湾一期

**Shanghai Shimaokunshan
Butterfly Bay Phase I**

项 目 名 称：上海世茂昆山蝶湖湾一期
项 目 地 址：江苏省昆山市
项 目 面 积：430,000 平方米
设 计 公 司：加拿大奥雅景观规划设
计事务所

世茂昆山蝶湖湾是世茂集团在昆山市投资建设的一个大型国际化社区，国际化的社区体现了广泛的适用性，符合国际人心理需要和行为模式的空间精神。奥雅采用新的、生态的、环保的、可持续发展的设计概念，从自然界中汲取设计元素，运用现代设计规划手法，融文化、历史、自然、时尚于景观设计中，力求塑造满足不同层次人生活和休闲的国际化和谐生活社区。我们根据生态、环保的原则整理绿系统、水系统、道路系统，进行景观设计。把人对于环境的影响降到最低，减低对环境的索取和危害。景观元素同时成为功能元素，用自然的方式节约能源，降低环境对住宅区的影响。蝶湖湾项目已入选联合国"国际生态安全示范社区。"

Ballast Point 公园
Ballast Point Park

项目名称：Ballast Point 公园
项目地址：澳大利亚 悉尼
项目面积：28,000 平方米
设 计 公 司：McGregor Coxall

Ballast Point 公园是让人叹为观止的海滨胜地。该公园由悉尼海港局代新南威尔士州政府所建，由 McGregor Coxall 设计。先前曾发生一起社会运动，要求将土地归还给悉尼人民，作为公共的公园用地，停止住宅区的扩张。Ballast Point 公园正是这场运动的结晶。McGregor Coxall 带领一个多领域团队，共同完成这个占地 2.8 英亩的公园设计。该公园选址在悉尼海港原德士古储油仓库和油脂生产工厂的旧址上。

本设计遵循世界先进的可持续原则，将项目的碳排放量降到最低，恢复该地区的生态状况。本设计融历史特点与前瞻的新技术于一体，力求创造一个非凡的区域城市公园。公园四周的雨水过滤措施、可循环材料的使用及风力涡轮机发电等方式将进一步巩固公园的环境措施。

本设计冲击了我们对原料及应用方式的原有概念。引人注意的砌在砂岩峭壁上的新式扶梯挡土墙并不是从别的地方挖掘而运往这

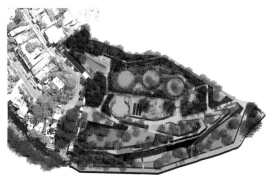

里的，而是一些碎石。正是一种变废为宝，它们重新履行了铺路石的使命。但是它们的意义并未止步于此：循环使用的碎石填满笼子，然后注入水泥，填满缝隙，在碎石板的顶部铺上细沙，这些步骤的共同作用让这些墙体牢牢屹立在通往内部港口的大门周围。

　　8个纵轴风力涡轮机，可循环的再生槽板，这些槽板上刻有莱斯·穆瑞诗中的一个句子，共同对这个场地原有的大型储油罐做出了雕塑性地再阐述。风力涡轮机象征着未来，一个逐渐远离原有的石油燃料，趋于可持续能源的新道路。

Cuijk 河道景观
Maaskade Cuijk

项目名称：Cuijk 河道景观
项目地址：荷兰 Cuijk
项目面积：11,000 平方米
景观设计：Buro Lubbers (in cooperation with Ballast Nedam)
设计公司：Buro Lubbers landscape architecture and urban design

河岸设计理念的灵感来源于河的规模和氛围。坚固的钢墙已成为村子和河流之间的联系，并不是分离它们两个，而是给予土地和水更多的空间。附上一个码头和水之间、村庄和风景之间流畅的空间上的过渡经历。

码头本身平整，设计为一个有耐候钢边界的 stelcon 板平台。而该边界提供了一个微妙的布局，混凝土面板显示罗马考古发现的轮廓，如运河、桥梁支柱、以及说明性文本。

码头和村子中心之间的连接首先是通过堤防地下通道创建的。

此外，在教堂附近，坡道和楼梯的组合被实现，并且连接两个位置。通过坡道可以慢慢降落到码头，中间阶梯提供河边和河岸顶部之间的快速通道。两条坡道和楼梯成为一些大型活动，如 Four Days Marches of Nijmegen 的观景廊。

沿着海滨木制平台，家具摆放在上面。在这里，游客可以静静地俯瞰着河流。一个令人惊讶的特征是，现有的端口采用相同的木物化集成在码头的设计。宽大的木条拥抱河流，并提供了一个很好的风景。

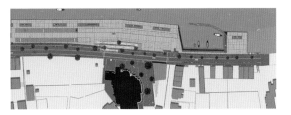

因为在江边的位置，设计是由几个技术条件决定的。干预的实质是堤坝的功能，防止 Meuse 河水淹没 Cuijk。在今天多变的气候下，和水的斗争越来越重要。而 Meuse 有 7.65 NAP 的平均海拔，在高水位的时候，它可以达到 13.50 NAP。因此，坝墙必须有 15.00 NAP 的最小高度。高水的可能性也对在墙前面的元素设计有影响，因为这些因素形成的高水位时间河流的流中障碍。这就是为什么坡道和楼梯构造以这样一种方式，即水的压力和期望不会损害他们的建设。该项目总建设为 200 毫米的钢筋混凝土，很厚的一层是如此强大，它不能浮动，可以独立存在。其他元素，如木制平台上，是可拆卸的，这样他们可以在涨潮时被移开。

Voorburg Zorgpark 公园

Parklaan Zorgpark Voorburg

项目名称：Voorburg Zorgpark 公园
项目地址：荷兰 Vught
项目面积：42,000 平方米
景观设计：Buro Lubber
设计公司：Buro Lubbers
landscape architecture and urban
design

Buro Lubbers 首先制定了 Voorburg 公园的整体规划，然后故了更加详细的设计的和美化，比如公园车道。我们的主要目标是开发一个空间框架结构，以应对新的要求和心理健康需求，同时也要对建筑历史文化财产表示足够的尊重。灵活性和关注不同群体目标是关键因素。

现有的小巷、田地、水流、沙丘和公园等景致美妙地构成了 Voorburg 秀丽的风景。有时候，现有的景观如榉木和橡木会繁殖

地更加茂盛；有时候会有诸如公园巷里面的池塘等新的景观加入。然而，所有土地的发展基于三个主轴：设施轴，住宅轴，连接轴。作为景观框架的主要载体，这些轴充当垫脚石的作用，基本上不对其进行操作，直到后来才意识到应该对这些轴进行规划。该设施轴，现在被称为公园车道，是从总体规划发布的第一部分之一。

公园路是 ZorgPark 正门的延伸。这条道路设施集中，既方便了沃尔堡的顾客，又方便了富格特镇的居民。一个由树木、长塘和

几个水上的座位组成的广场，提供了一个舒适的居住和聚会环境。

池塘长轴的特征在于两岸之间的对比。北岸坚固耐用。用耐腐蚀性钢材和木材组成的坝墙、大型混凝土板（2米X1米）组成的海滨长廊和一排柱状树组成，把北岸整合的很圆润。坝墙的围栏给长廊创造了强烈的视觉引导。栏杆边上连续不断的酒吧不仅创造了一个可视化的重复元素，同时也创造了大坝的宜人形象。春天的时候，紫藤抽枝发芽开花，这个坚固的墙上的景色就会变得非常壮观。

南岸由长满自然植被和开花灌木（血红素概念）的小山丘、柳树和栋木灌木组成。半铺就道路提供自然之间的非正式人行道，快

延伸到了水面。池塘被放在了一个连接水面坚固的楼梯和一个围绕着钟楼的风景如画的广场之间。

池塘周围设计了几个甲板和露台。这些地方可以进行的各种活动。长廊北侧的活动中心是面向湖面主要的公共露台。户外的长廊把由山毛榉树篱和"弗朗斯·方丹"欧洲鹅耳组成的绿色区域分开。围栏里面还有长凳、垃圾箱和照明灯柱等。南边的甲板区域转化为钓鱼的地方。北侧的甲板是面向太阳的，提供座位。连接水面的楼梯装饰在凉爽的混凝土上，提供了一个在钟楼上俯瞰水面的非正式座位区。围着钟楼广场上面的垂柳区则提供了一个非常浪漫的地方。

达尔文滨水公众领域
Darwin Waterfront Public Domain

项目名称：达尔文滨水公众领域
项目地址：澳大利亚 达尔文

　　达尔文市滨水项目的第一阶段旨在规划大量带有成熟的绿荫树的露天场地用于建造公园，旨在为达尔文市民和游客引进相关的植物，以供他们全年都能欣赏到美丽的景色。公园里将在这块区域上建立第一片人工露天湖，还包括一些文化设施和解释性公众艺术。公园将由各种各样的零售店、公寓酒店、住宅公寓和达尔文会展中心附近的露天小吃支撑运行。

　　该项目的作用是将这座城市冗余的港口设备转变成世界级别

的、综合利用的、吸引当地居民和商务旅客的城市社区。建立一片新的连接水域和城市的港湾管理区，而且这块历史意义上很重要的区域之前处于废弃状态，这对于达尔文市新兴滨水发展是一个巨大的挑战。达尔文市新兴滨水发展建立在该市丰富文化遗产的基础上。发展结合当地的海岬地貌，恢复了当地的自然植被，并且承认了当地已存在的协会以及之前他们对土地的用途。

　　该项目将帮助达尔文市滨水区发展成一片与众不同的、综合利

用的娱乐区，一片有文化底蕴的水边住宅管理区，也将帮助该区域提升居住适宜度和可参观度。达尔文市会展中心是该发展项目成功的支撑。滨水区的发展将会把更多的商业机会和游客吸引至此，同时也满足了达尔文市本地居民和澳北区居民的需求和愿望。

第一阶段的规划将给这一展望的实现提供垫脚石，也将为创造一个新兴社区提供势头。

墨尔本 Elwood 海滩

Elwood Foreshore, Melbourne

项 目 名 称：墨尔本 Elwood 海滩
项 目 地 址：澳大利亚 墨尔本
景 观 设 计：澳派（澳大利亚）景观
规划设计公司

Elwood 海滩为附近地区居民提供海滩边的休闲娱乐活动场所。澳派（澳大利亚）景观规划设计公司设计了包括打造一条全新的自行车道、沙滩广场、保留并增加当地的植物、建立一个停车场并将雨水的过滤措施溶于停车场之中，保证地表径流的水体得到过滤后才流入海港，保护海洋环境。

主要的设计成果包括：

尽可能打造人车共行的空间，增加空间的使用率；
打造一条安全通行的自行车道，提供更多运动的机会；
合理配置道路和停车场，保护生态环境；
通过巧妙地交通分析来减少自行车、人行道和机动车的冲突；
为大型活动和聚会提供一个宽阔的场所。

奥林匹克雕塑公园

Gardens of The Olympic Sculpture
Park Descriptive Data Summary

项目名称：奥林匹克雕塑公园
项目地址：美国 西雅图

　　奥林匹克雕塑公园披着 9 英亩棕色的衣裳，建立在西雅图江边的一个被摒弃的燃料贮存设施地带。 反向"Z"字形中心路径穿过公路与铁轨连接着西雅图与普吉特港美景和奥林匹克山。 公园本贡上是系列庭院——一个在和平的西北部发现的特别样本风景的象征，一个"山和海水" 的特色景观的记叙。

　　每个花园是在都市环境之内适应和平演变的西北部的精华生态。 200,000 立方码材料和原始林表土被打捞上来，为 85,000 株移植的本地植物提供熟悉的生长环境。 土壤深度、沥青和混凝土的组合盖住这重污染的土壤。

Luna 公园

Park of Luna

项目名称：Park of Luna
项目地址：荷兰 Heerhugowaard-South
项目面积：1,700,000 平方米
摄　　影：Pieter Kers, Amsterdam /Aerophoto Schiphol BV /Jan Tuijp

The Stad van de Zon 完全由一圈开放的水包围，其中包括超过 70 公顷的新水。这个开放水环将单独的住宅区与周围的休闲区分隔开，保证在平坦的地区有大量的开放空间。大部分的水将被用在休闲区的岸边。休闲区有两个方面：内侧面包括开放水域和 Stad van de Zon，令一方面是周围景观的外侧。汹涌澎湃的水系统是独一无二的，它被设计用来在夏天储存大量的水和节约水。水的质量、可使用性和体验系统的能力被大大地关注。为此，许多结构被设计，这些结构包括一个循环泵站、自然净化厂、一个池塘、一座桥梁和

一个独木舟。

该结构被设计以确保行人最大程度地体验水。根据这一目标，公众可以访问抽水站的屋顶。这提供了一个湖的景观。此外，泵站位于战略位置靠近海滩的入口。水的净化厂提升了水的质量，这个地方它既可见又可听。采用这种方法后的结构已成为大型的"净水机"的一部分，景观形态特征突出，作为整个过程可以经历的地方。

娱乐区是由一个个性的分区所组成的，包括：Druiplanden，Huygendijkwood 和 Subplan 4。Druiplanden，有着一个城市

的特点，提供了一个与餐饮场所和密集的岸边娱乐空间（沙滩、日光浴区、停车场、一个滑水天营地）。Subplan 4 成了城市区域 Heerhugowaard-South 和娱乐地区之间的过渡。"子计划在户外提供了有许多树的周围环境。宽敞的休闲路线交叉区和休闲区连接到 Heerhugowaard-South 市区。该 Duygendijk 树木有遮阴的特点，还提供了空间可以步行、骑自行车、慢跑、溜冰等。这些活动的装饰品是包括森林地区，开放草原与自然的岸边（日光浴）。一些挖水土壤被带到 Huygendijk wood。这种土壤已被使用，与 DRFTWD 办公室的艺术家合作，为的是创造各种各样的位置，在相对较小的区域提供一系列的经历。

丹麦霍尔斯特布罗项目
Holstebro, Denmark

项 目 名 称：丹麦霍尔斯特布罗项目
项 目 地 址：丹麦 霍尔斯特布罗
项 目 面 积：23,000 平方米

该项目对城市起到了主要的作用，并且连接了中心的两个地区。霍尔斯特布罗中心的北部和南部将通过一个新的联络点联系。在文化建筑周围的公共场所，如电影院和舞场，通过转化成一个户外舞台来给城市提供新的élan。该项目是把河边从背后的联系功能改变成一个"地方"的催化剂。此前，河边被忽视，城市居民反对使用这些水。

甚至仅仅开场后人们就可以注意到，河边已经是如此有吸引力，

以至于公共场合的质量将成为进一步发展的催化剂。在该项目的北面，未来几年的新发展将在河边正面建立起来，它现在只是商业活动和停车场所的背后。在未来我们可以想象更多的私营业主想转向沿河的风景。可以预见，一些与地下停车场结合的扩展建筑提供了未来的第二阶段，游乐场和小型的种满花草的广场将形成美丽的滨江区的扩展。

河较深的位置是通过制造雕塑空间而转变为一个公共剧院。一

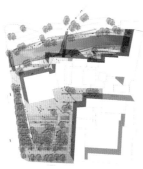

个连续的空间是由"折叠物"所构成的，有时折叠的是路径，有时是小斑点，有时是坐的地方。因此，一个空间兴起，这个空间里，使用者组件成为了系列。行人和自行车符合逻辑的路线是通过非正式的方式建造光滑的斜坡来提供的。提供坐的地方仅仅是为了看水漂浮并且可以邀请行人驻足。在其他的日子，小的或大的事件都可能发生。在南岸，一个地区是用可以坐的台阶创造的。

这座桥占据了一个中央位置，把两个河岸的折叠的城市领域系在一起。这座桥是建立在一个人们可以通过，市民可以呆下看风景的地方。

奥斯陆南森公园
The Nansen Park, Oslo

项目名称：奥斯陆南森公园
项目地址：挪威 奥斯陆
项目面积：200,000 平方米
景观设计：Bjørbekk & Lindheim

20 世纪 40~60 年代，为了建造奥斯陆国际机场，这里变化多样的秀丽培植景观被夷为平地。1998 年机场搬走以后，留下一个近 1,000 英亩的半岛，急需改造。

Fornebu 奥斯陆国际机场的搬迁，这里的改造成为国家最大的工业垦殖项目。新建公园主要以功能为主，形成一个地标，距离奥斯陆市区约 10 公里。用于住宅和办公的地块卖给了个人开发商，而基础设施和景观的建设，污染地面的处理以及新公园结构的规划则由挪威公共建筑和财产管理局以及奥斯陆市负责。

南森公园中心（约 200,000 平方米）将设计成一个充满活力并且具有吸引力的场所，供 Fornebu 市民聚会之用，主要强调特性、简约和永恒。为了与其生动的历史相呼应，公园在机场生硬的线性和原有景观柔和、有机的构造之间形成生动的对话。这里三面都与奥斯陆峡湾相邻，景观的开敞性和远处小山的轮廓给天空带来一种强烈的平和感，一种我们一直努力向景观中灌输的超脱感和宽敞感。

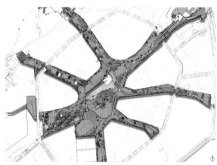

广阔的视野形成的宁静与和谐的形态与功能区巧妙地融合在一起。

环境概貌

强烈的生态概貌成为整个改造过程的基础。受污染的土地已进行清理，沥青和混凝土都进行了回收和再利用，用于培植的新土壤从现场的土块中获取。Fornebu 地区的大块土和岩石把平整的机场用地打造成了具有不同空间特质的、高度不同的景观，面对着海峡。工程公司 Norconsult 和德国公司 Atelier Dreiseitl 都参与了项目的规划。

巴塞罗那海岸公园
Paseo Garcia Fària, Barcelona

项目名称：巴塞罗那海岸公园
项目地址：西班牙 巴塞罗那
项目面积：49,207 平方米
景观设计：Pere Joan Ravetllat
Mira，Carme Ribas Seix
摄　　影：Lourdes Jansana，
Roger Casas

本案是一个旨在重振巴塞罗那海岸昔日风采的大型项目。

项目位于 Garcia Fària 大道和滨海环路之间，是一块 40 米宽、1,300 米长，平行于地中海的狭长地块。两条新路贯穿整个项目，人们可以乘车直达海滩。

这两条平行公路决定了该项目的整体形式。一条景观带沿着 Garcia Fària 大道蜿蜒逶迤，梯形种植区高低不一、错落有致，人行道巧妙地穿梭其间。

景观带上有一些独特的特种钢制成的设施，主要用于公交停车场通风之需。平行于景观带是一面向西班牙 Ronda 小镇、覆盖停车场的毫无装饰的平台。平台的承重要求限制了植被的种植种类，因此平台采用简单的基层沥青铺装。最终，平台被打造成宽阔的双色表面，人们在此享受各种休闲运动，如散步、骑车或者溜冰等等。

最富深思远虑的设计是连接两条道路的高架平台。它们堪称真正的观景平台，在此巴塞罗那的海景尽收眼底。

Sugar 海滩
Sugar Beach

项目名称：Sugar 海滩
项目地址：加拿大 多伦多
项目面积：8,500 平方米
景观设计：Claude Cormier +
Associés inc.

Sugar 海滩是一个古怪的公园，是由在水边的前工业区的地面停车场转变为多伦多的第二城市海滩。

坐落于 Lower Jarris 街道，与 Redpath Sugar 工厂毗邻，8,500 平方米的公园是第一个游客认为的可以作为他们沿着皇后码头从中央滨水开始旅行的公共场所。公园色彩鲜艳的粉红色遮阳伞和标志性的糖果条纹的基石，欢迎游客到达东海湾新的海滨附近。

Suger 海滩的设计借鉴了这个地区的工业遗址和邻近的

Redpath Sugar 工厂。公园以三个主要地方为特征：一个城市海滩，一个广场，以及绿树成荫的海滨长廊斜穿过公园。Sugar 工厂在一个超现实的产业背景下，创建龙门起重机从停在轮船上的巨型油轮上卸载山砂原糖。伴随着空气中糖的香味，公园是以经验丰富的视觉和嗅觉为参考理念。"糖"作为一种理念语言在整个公园的许多元素中出现，从公园的两个露头上的红色和白色的基石糖果条纹，软的像糖果一样的粉红色的雨伞，甚至是从在不锈钢通风管道上的

糖果形式的图案到长廊下藏着的机械室里面的喷泉。

Sugar 海滩提示我们，多伦多的海滨是一个有趣的旅游目的地。沙滩允许游客消磨一下午的时间来阅读，在沙滩上玩耍或在湖上看游船。一种嵌入海滩旁边的花岗岩枫叶里的以水为动力的雕像让兴奋的成人和儿童逐渐平静下来。在晚上，这种互动式的喷泉转变为照明编排的一大看点。

公园的广场为公共活动提供了一个很大的活动空间。一个公园的花岗岩露头和三个草丘给了公众可以举办户外音乐会的舞台，以及为一些较小的活动事项的独一无二的在土墩之间的活动场所。

广场和海滩之间，人们沿着长廊漫步在公园，长廊以马赛克图案枫叶形状的花岗岩鹅卵石为特征。与枫树平行，长廊提供了到水的边缘的一条阴凉的路线，这给公众提供了机会可以一路边走边坐欣赏风景一直到湖泊、海滩或广场。位于海滨长廊下的是一个席尔瓦细胞系统，为每一棵树慷慨的提供 30 立方米的土壤。这连同在大护堤和沙下的土壤体积，将确保枫树、垂柳、Sugar 海滩的白色松树能够充分发挥其潜力长高。

自开放以来，公众对 Sugar 海滩的反应一直是很积极的，通过在媒体的反馈、在公共网络、博客里的评论和在 Flickr 上的图片证明了来公园的游客很多。

悉尼 Pirrama 公园
Sydney Pirrama Park

项目名称：悉尼 Pirrama 公园
项目地址：澳大利亚 悉尼
景观设计：澳派（澳大利亚）景观规划工作室
摄　　影：Florian Groehn, Adrian Boddy

　　在悉尼市委员会的委托下，澳派（澳大利亚）景观规划工作室在地区的水上警察中心的旧址设计一个新的滨水公园。设计任务书要求把半岛上 1.8 公顷的土地发展成为一个都市公共公园，并把公园打造成为一个可供儿童游乐的城市空间。

　　悉尼海滨公园的设计对海洋工程进行了详细的考虑，把海湾打造成为一个舒适而又高使用率的新城市空间，并且把水上警察的历史风貌保留下来融合到新的景观之中。

　　悉尼海滨公园设有海港码头、滨海大道、城市广场、小巷回廊、雨水花园、自行车道等，形成一个充满活力的城市肌理空间，增强了城市与滨海空间的联系。

　　海滨公园的打造为悉尼市民提供了一个滨海休闲活动与聚会的空间，并突出体现出基地与悉尼海港的历史联系。由于海滨公园位于悉尼市中心的黄金地段，通过不同类型的花园空间的打造，保证了海滨公园的功能性与特色。

在公园的总体规划设计中融入一系列世界上最领先、最优秀的生态做法，即是在景观设计中融入雨水花园和生物过滤槽，可以在公园内收集清洁公园集水区的水体。大道的行道树种植槽用来收集街道的雨水径流，再用水箱储备 200,000 千升的水，保证全年的灌溉用水。此外，在公园的遮阳蓬上设有太阳能电池板，收集太阳能，为公园提供照明，总体规划体现了环境可持续发展的最佳范例。在街尽头建立一个重要的公共空间，有利于社会人们的互动交流以及公众集会，展现社区生活美好的一面。

堪培拉国家紧急救灾
服务纪念馆

The National Emergency
Services Memorial

项 目 名 称：堪培拉国家紧急救灾服
务纪念馆
项 目 地 址：澳大利亚 堪培拉
景 观 设 计：澳派墨尔本分公司

本项目是澳大利亚第一个民用纪念馆，纪念馆坐落在 Burley Griffin 湖畔，是澳大利亚军人战争纪念馆的延伸。

设计的灵感源于人们对于户外灾难发生的记忆，如晚上着火的草地、闪电划过夜空、在火灾闪过的人影等。

斜坡上镶嵌红色的碎片，火焰与太阳拖出人们长长的影子，这些细部设计能让参观者感受到危急发生时和危机之后投入救援服务工作人员的思想状态。然而，在参观完浮雕墙后，纪念馆的围合空间又给予参观者安全感。

国家抢险救灾服务纪念馆通过简洁而又令人震撼的设计，体现抢险救灾经者的奉献精神。

一方面，纪念馆打破了周围景观的连续性，暗示着灾难的发展，急需将国家抢险救灾服务立即赋予行动。另一方面，纪念馆采用内折的形式，暗示着在灾难来临的时刻，国家抢险救灾服务能为所有澳大利亚人民提供保护和安慰。

Kjenn 市政公园
Town Hall Park at Kjenn in Lørenskog

项目名称：Kjenn 市政公园
项目地址：挪威 阿克斯胡斯
项目面积：39,000 平方米
景观设计：Bjørbekk & Lindheim

托儿所经常使用这个公园。冬天的时候，孩子们可以在溜冰场滑冰或者乘雪橇滑雪；夏天的时候，孩子们可以在这里举行音乐会、野餐、钓鱼、放风筝、玩遥控船和遥控飞机，或喂鸭子等活动。

公园位于市中心附近，距离市政厅、Langevann 湖、新大陆高中和 Kjenn 初中都很近，周围自然风光秀美。Lørenskog 市政府在奥斯陆以北，来回大约 15 分钟。计划将进行一次全面的市区扩建，在此次扩建中，"Lørenskog 住宅"是一个重要元素。新公园通过159 大道上方即将开通的新建过街天桥与新的 Lørenskog 中心连接在一起。

随着新市区的开发，AHUS 的扩建以及距离公园几英里的挪威邮局大型邮政点的建设，这里还需要建设一些绿地、人行道和自行车道，使这些设施融为一个整体。这样市政公园将会具备一个全新的地位。

市政公园位于一个设施齐全的娱乐区，这里通常会举行一些音乐会和表演，市民也可以在这里娱乐，尤其在冬季，在倾斜的草地上乘雪橇滑雪是一个不错的选择。

萨拉戈萨景观项目

Project in Ribera of the Ebro River
U12 Tenerías Las Fuentes

项目名称：萨拉戈萨景观项目
项目地址：西班牙 萨拉戈萨
项目面积：87,535 平方米
设计公司：ACXT Architects
摄　　影：Aitor Ortíz

Tenerías-Las Fuentes 项目区的北边界覆盖着沿右岸河床和组成 Tenerias 和 Fuentes 的北部边缘建筑的空间，在未来大坝 (calle Fray Luis Urbano) 向东、Puente de Hierro（铁桥）向西的位置运行。

这是由 Echegaray 、卡瓦列罗海滨长廊和一个纵向连接这条大道与 Ebro 河的公园组成的。创建一个在 Ebro 右岸通过运行园区从

铁桥沿 Echegaray 在三环附近的桥散步的可能性，同时考虑到未来的 Ebro 坝行人通道，使得这个项目为行人横穿城市提供杰出的路线。

市体育馆在 Huerva 河口附近，伫立在河和联盟桥之间，有益并鼓励公园今后的活动，更多地与露天体育馆密切相关。

Fuentes 区的高密度人口意味着将有足够的人流量，将使用新

的路线，这将鼓励和促进公园的拟议活动。

　　该项目在城市中心、Soto de Cantalobos 自然环境之间和 Gállego 水森林公园建立人行通道，并创建一个在项目长度内的线路网，明确区分汽车、自行车、行人以及水、体育、休闲和自然设置行人活动之间的路线。

锡姆科波浪桥
Simcoe WaveDeck Toronto, Canada

项目名称：锡姆科波浪桥
项目地址：加拿大 多伦多
项目面积：650平方米

为了探索连通皇后码头大道和安大略湖之间为数不多的连结方式的变化，在离湖不远的地方，市民们建起了多伦多中心海滨上的第二座木结构桥——锡姆科波浪桥。为了应对街景与海岸相遇所形成的窄点，并受到了加拿大蜿蜒海岸的启示，一座新概念桥梁就在这城市边缘诞生了。

考虑到此处的一致美，建筑师们重复地建造了 7 个相互间存在微妙变化的简单波形结构。虽然使用了相同的材料，在细节方面也做的近乎一致，但波形的曲率和根据它形式而提出的活动还是可以帮助人们分辨出每一个波形结构。

锡姆科波浪桥是世上独一无二的加拿大建筑。它的设计灵感来自安大略湖岸和设计师们的加拿大村舍体验。其令人震撼的曲线中蕴含的几何美也是史无前例的。

身为都市码头，锡姆科波浪桥既是艺术品，也是都市功能区。它完全是一个灵活的结构空间。它的阶梯就像是古罗马剧场一样，

人们站在不同高度的阶梯上可以获得不一样的视野，观赏湖中景色的体会也不一样。

人们可以以不同的方式利用这里，东边的大空地可以作为集会场所或者是街头艺人和其他表演者的舞台。台阶可以供人们坐下休息。用细长的不锈钢制成的围栏被做成两个巨大的拱形，顺着桥的起伏围在桥的四周。为了增加波浪桥的艺术美，并且帮助游客更好地适应桥的斜率，人们才设计了这些弯弯曲曲的围栏。

桥头 30 米长的无背长椅既是旅客的小憩之处，也是防止旅客不慎掉落水中的屏障。

在波浪桥悬臂式结构的下面是鱼的栖息处。用卵石铺成的浅滩，加上原生态的树木和路堤，鱼儿们获得了一个好的容身之处和捕食锻炼的去处。安装在水中的 LED 灯将夜幕下的锡姆科波浪桥打造成了人间梦境。

悉尼 5 号湿地生态设计
与景观设计

Sydney Wetland 5 ESD
and Landscape Design

项 目 名 称：悉尼 5 号湿地生态设计
与景观设计
项 目 地 址：澳大利亚 悉尼
项 目 面 积：20,000 平方米
景 观 设 计：澳派（澳大利亚）景观
规划设计公司
摄　　　影：Simon Wood, Sach-
Coles

　　澳派受到悉尼市议会的委托，为悉尼公园湿地链 5 号湿地进行景观设计和施工图设计。项目现场是悉尼公园现存的唯一拥有深层土（而非回填土的）的地块，也是悉尼公园最古老的地块。现场年久失修，木材腐烂，水土流失。现有的湿地不能全面发挥其对环境的促进作用。

　　项目的设计范围包括湿地的深化设计和施工图设计，以及周围道路、挡土墙、座椅和遮荫乔木的设计。所有的材料都是根据总体规划设计的风格来选择的。设计需要综合考虑整个湿地处理链，同时要考虑将 5 号湿地作为湿地系统的蓄水池。现浇的高质量混凝土墙形成公园半围合蓄水通道。通过简洁生动的设计，让公园得到功能的提升。

　　湿地旁的弧形混凝土坐墙是公园的基础设施与水体流动通道，也可以供人们乘坐。在混凝土坐墙内存设有光线感应的荧光灯，保证夜晚公园的照明与安全。

优秀设计和功能质量设计

5 号湿地的设计非常简约现代。无论是从哪一样选用的材料，如混凝土和木材等，都洋溢着现代简约的风格。

设计并不依赖于传统的人工湿地样式和材料来显示其功能，完全不依赖传统湿地常见的大石块和装饰艺术品。设计采用大手笔的设计方法，采用一道弧形的混凝土坐墙来反映圣彼得斯大工业区和悉尼公园的工业风格。

弧形混凝土墙的简洁与直线的景观与公园的自然景观形成鲜明的对比，给予人们一个强烈的视觉冲击感。

简洁的弧形是设计的关键，这个设计保证从图纸至施工得到了贯彻实施。弧形混凝土墙对于湿地水体的流通起到一个导向作用，

而且整个坐墙都可以供人们乘坐休息。

由于湿地设计是在现有公园基础上建造的，存在许多限制条件需要谨慎处理。这些措施包括：

· 保留现有乔木

· 保留公园的功能并提升公园的功能

· 解决湿地的水利工程问题，改善现有的公共空间环境

5 号湿地的改造不仅提升了整个湿地系统的功能，而且还大大提高了公园静态活动空间的安全性，便于公园的管理。

保障生态可持续发展，对自然环境负责

湿地设计并不只是追求生态的可持续发展，但是设计的开端考虑生态的功能是很好的。5 号湿地在改造前就是一个湿地，但是由

于结构上存在问题产生漏水，导致水资源的浪费。

　　5 号湿地是整个湿地生态系统的关键，因为它位于公园地势的最低点。所有湿地处理后的水体都聚集在 5 号湿地，然后通过水泵把水体抽到地势最高点，再进行新的水体循环。湿地能够促进新的生命的成长，创造新的生态系统，吸引多样性生物（禽鸟和其他动物）到此栖息。

　　5 号湿地的景观是一个现代简约设计的成功范例。湿地不仅是一个现代美丽的设计，而且还考虑了大量的环境设计，尽管人们可能看不到这些环境的设计。5 号湿地融合了环境设计与精致的景观设计，打造出一个令人难忘的公园空间。

龙门广场州立公园
Gantry Plaza State Park

项目名称：龙门广场州立公园
项目地址：美国 纽约
项目面积：24,281.1 平方米
设计公司：Thomas Balsley Associates

曾经充斥驳船、拖船和有轨车辆的滨水工作区，皇后区的亨特地区在后工业时代逐渐没落。因为锈迹斑斑的路轨驳船，这个曾经壮观的地方沦落为社会蒙羞之地。作为西皇后公园总体规划的一部分，托马斯贝尔斯利协会，连同温特劳布 di 多米尼克，把龙门广场州立公园当做可以庆祝其过去和未来，并欣赏海岸线美景之地。

公园可分为 3 个区域。海角是一片大草坪，具有天然的海岸线边，可充分享受曼哈顿岛海岸线的壮丽景色。在北龙门广场，地平线被

修复的起重机架框住，机架结构巨大，曾经用来把轨道车移到有轨驳船上。广场周围是绿树成荫的咖啡馆，雾状喷泉和玩具桌，广场可容纳欣赏 7 月 4 日焰火汇演的 3 万名观众。南龙门诠释花园是由两条小径围成的思考空间，在此处，垫脚石使游客直接涉水，似乎他们就在昨天被抛弃。半岛公园提供了一个带有天然海岸线边的大草坪岬，柳树和天然的草地更是锦上添花，这里崇尚各种静态活动，其中最主要的就是欣赏曼哈顿岛地平线的壮观景色。

此处地理位置得天独厚，拥有各式海岸线和完整的轻工业／蓝领住宅区，多样性为住宅区的设计提供灵感。这个地方愈合分裂的社区，灌输强烈的互助精神和自豪感，其社会功能更加宽泛。原居民为保护公园组成的、名为龙门广场州立公园之友的联盟，享有地方管理权。

Xochimilco 生态园
Xochimilco Ecological Park

项目名称：Xochimilco 生态园
项目地址：墨西哥 Xochimilco
项目面积：444,780 平方米

Xochimilco，墨西哥山谷里的古湖泊生命最后的遗迹，在1987 年被教科文组织宣布为"世界文化遗产"。恢复 Xochimilco区的总计划开始于 1989 年，这些活动包括：生态救援，水力方面和卫生方面的再生，在湖泊地区喷射清洁和处理过的水，并且对农业生产给予技术支持。这些活动涉及了占地 3,000 公顷的地区，包括运河和泻湖还有 1,100 公顷已经恢复了 200 公里的农业地区。

为了补充这些行动，280 公顷的地区已被指定为一个多用途的公园，叫做 Xochimilco 生态公园。建立这个公园的目的是给墨西哥市区提供一个大型的自然、植物、历史、文化和娱乐结合的并且支持活动的公园和植物，花卉的市场，所有这些都是建立在生态公园的巨大的湖泊里和绿色开放区内。

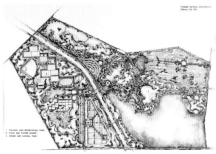

滨海景观漫步大道
**Bondi to Bronte Coast Walk
Extension Design Statement**

项 目 名 称：滨海景观漫步大道
项 目 地 址：澳大利亚 悉尼
项 目 面 积：200,000 平方米
设 计 公 司：ASPECT Studios 澳派
景观设计工作室
摄　　　影：Florian Groehn

　　站在澳大利亚悉尼东边悬崖顶的大道上，悉尼壮丽的海岬景观，砂岩矿脉和美轮美奂的风景尽收眼底。

　　澳派的设计在保留周边的文化遗产的同时，为悬崖峭壁处的观景创造了独特的体验。515 米长的滨海漫步道是全澳大利亚闻名的9,000 米滨海景观漫步大道的一部分。项目解决了复杂的地质工程和结构问题，同时关注对历史遗迹的保护。大道的材质也由木平台变成玻璃纤维土工格栅，保证走廊下方的植物能够容易地吸收阳光

和雨水，从而保护了植被。

　　滨海走廊设有 5 处观景台，设有定制的座椅小品，充分考虑到游客的驻足休憩，享受砂岩海岸的独特美景。

　　项目使用了简单的设计语言，整个滨海走廊设在悬崖上方，在保证安全的前提下让行人充分享受一路的风光。

　　整个滨海走廊采取清晰统一的设计语言，选择简洁耐用的材料。行走的路线蜿蜒曲折，逐步向人们展示出悬崖顶的景观——沼泽地、

岩石矿脉和丰富的生态景观。观景台的设置与 L 形或折线形的步道相结合，在局部的区域步道从地面上升 7 米而设，进一步增强了在悬崖边上观景的效果与体验。

在严格的设计规划中仔细考虑了生态走廊（尽量不去干扰现有的植被）、岩土（矿脉、山坡、堤防）和公共安全（避免墙体倒塌）。

在材质的选择上，选用了坚固、持久性强的材料，以减少后期的维护成本。观景平台选用多种材料以期达到美观、环保和持久的效果。在多处的残存植被处，使用玻璃纤维格栅，保证滨海走廊下方的植物可以自然吸收阳光与雨水，同时也降低了施工的难度，保证使用的持久性。鉴于海岸边的自然气候环境特殊，玻璃纤维是最佳的材质，能经受腐蚀，能达到质量要求并具有美观效果。不锈钢的扶手经过电抛光，杜绝油斑腐蚀。

查尔斯顿滨水公园
Charleston Waterfront Park

项目名称：查尔斯顿滨水公园
项目地址：美国 查尔斯顿

  查尔斯顿滨水公园的景观设计师遵照市民的意愿，通过与当地领导的全程合作，把滨水岸线留给了公众进行使用，这样的设计起到了重要的示范作用。它创新地将可持续理念和城市设计的重要思想有机地结合到景观设计中。公园成为了城市投资的催化剂，它创造的价值远远大于私人开发所带来的收益。它成了受人欢迎的城市改造的象征。

  和许多城市出现的情况一样，库珀河边的查尔斯顿滨水公园，

在经历了工业时代的使用之后被废弃。查尔斯顿老港口被荒废，高地上的活动也随之消失了。在工业介入场地之前就存在的沼泽地也被毁坏了。邻近社区的最初周边环境曾经伴随着早期的港口经济一同发展，它们是城市中最具有历史性的地方之一。但是从 20 世纪 80 年代早期开始，这些区域就走向衰弱，滨水地区被放弃而用作地面停车场。

  改造滨水区的最初目的是作为公共场所，刺激经济发展来扭转

周边地区的衰退，并且带动更大范围的城市更新。在对滨水区采取任何行动前，确定和建立了新的停车建筑以容纳从滨水区置换过来的停车需求。考虑到将场所改造成邻里公园和公共停车场，赖利市长用一天的时间带领设计团队参观查尔斯顿，使设计团队认识周边地区和城市的特色。当地材料、设计、文化和生活方式将影响所有决策。

沿着查尔斯顿库伯河畔，现在看来优美的公园景象掩盖了这一重要转变的基本设计挑战。场地位于有不稳固土壤的前沼泽地区域，飓风袭击过半岛一侧，场地的高程在洪水水位下；废弃物和被污染的土壤使河水污浊而令人讨厌；地面停车占据了大部分的空间；不得不把康多（Condor）街区搬走来把人们和滨水区再次真正连接起来，周围社区和市区也正在严重衰退中。

因为新的路面和其他场地建筑可能位于不稳固的沼泽土壤上，设计团队找到一种方法给土壤预加荷载并且抽出其中的水分。这种持续多年的过程除了需要有足够的资金来实施公园的改造方案之外，还需要有耐心。从堤岸到设施的所有公园要素的设计方案都需要考虑大风和海潮的影响。项目的结构和材料计划要能维持数百年时间。

再建立城市和人到滨水区的联系需要连接城市的人类系统和滨水区的自然系统。这极大地改变了社区周围原来的环境。城市网络扩展到了公园，和库珀河建立了空间和视觉上的联系。这一结构形成了地标性的场地轮廓和主要街道末端的活动区域。在树冠的遮蔽下，各种构思的安静的花园空间连接到城市边界，成为城市形态的延伸。

荫蔽的城市公园向雅致的草坪敞开，可以俯瞰河流。城市网络

的严谨形式让位给基于河流边界空间的更有机的组织结构。大公共草坪设计了中央喷泉，把水带入公园，强化了土地和水的视觉联系。1200英尺的美洲蒲葵沿散步道排列着，同时沿着自然水体岸线以保证公众可以到达水边。把恢复的盐沼从散步道边上清除到河里，形成有价值的栖息地和丰富的视觉体验，同时通过桩基组成的图形和河口必然的沉积物来保留以前港口的记忆。

　　提升社区环境的灵感来自于查尔斯顿的南部遗产和以及市长、社区和设计公司均强烈认同的未来复兴。延伸到由老人和年轻人、黑人和白人、富人和穷人组成的社区对于项目的成功至关重要。

　　聘用当地传统铁艺工人菲利普·西蒙斯来为公园大门创作艺术品，这样的例子说明了项目的目标包括结合查尔斯顿的过去和未来，

影响到社区中出现的所有人群，比如非洲美国人和老年人，并且刺激当地经济发展。

　　"它现在是公共领域的辉煌部分，当地和区域的居民以及游客都能在此享受。这是个非常平民化的场所，就如同它本应该的那样。"——小约瑟夫·P·赖利，查尔斯顿市长，南卡罗来纳州。

　　社会关怀是公园设计的主要驱动力。极其认真地创造一个属于每个人而不是一部分人的真正公共空间。新的365英尺的码头前部被设计用来休闲垂钓而不是原来计划的停泊游艇，所以无论有没有钱，每个人都可以使用它。长长的码头也让人们能体验盐碱滩之外的深水区。仅保留最微弱的照明，以便夜晚的星辰清晰可见。同样非常关注环境。查尔斯顿滨水公园需要在环境、经济和社会的每个

方面都是可持续的。

在任何层面上，公共设计方案都论证了环境的敏感性。可持续方案产生自工程概念、经济发展和盐碱滩的恢复，盐碱滩可以提供栖息地、清理污染物和形成海岸风暴到陆地的缓冲区。通过保护和改善盐碱滩栖息地，可以逐渐再利用废弃的港口和其聚积的盐碱。该区域的问题已经得到缓解，现在一段充满活力的河流栖息地兴盛起来。这块独特的河口环境展示了区域的海洋生态和野生生物，同时作为统一整个公园的精彩要素。

自从公园开放以来，邻近社区的资产价值一直在上升，旅游业也兴旺了。就像先于滨水区方案的设计公司的城市规划里略述的那样，许多成功的创新和地产项目现在都出现在公园附近的街区。这

里被认为是居民钟意和游客必看的宜人场所。

带着对可持续和保护的切实关注，用从河里捞出的原来的花岗岩按照最初的痕迹把 17 世纪艾德格（Adger）的码头进行了修复和重建，并且再此使用。使用模仿天然美洲蒲葵结构的木材来重建码头，可以持续许多代的时间。

查尔斯顿滨水公园对公共区域产生了极大的冲击，影响和形成了美国城市的市民区域，提升了景观设计的职能。虽然查尔斯顿是个相对小的城市，市长的市民美学理念和其对查尔斯顿滨水公园的自豪感已经超过这一代人的过程并把信息传递到整个国家。赖利市长和设计公司都因为滨水区项目及其地区和国家影响而获得多种国家奖项。查尔斯顿滨水公园还被列为世界非常有创意的滨水区成功

案例之一。

公园显著影响了景观设计学的实践和职业，它在许多前沿领域都取得了突破，确立了现在被认为是理所当然的设计价值标准。公园的设计方案说明了对社区和文化的思考研究，来创造能和当地居民产生共鸣并且作为真实体验经久不衰的公园。公园的成功在于有能表达他们的意愿的当地民众的指引，以及能把这些意愿在设计中通过形式、材料和可持续性表达出来的景观设计师。

公园成功地说明了在城市更新过程中开放空间的作用。公园在改善整个市区和公园周围所有地区的经济状况中发挥了重要的作用，而不仅仅是开发了 13 英亩私人开发区的价值。

查尔斯顿滨水公园已经成为各个年龄阶段的人都喜爱的目的地。设计方案经受住了时间的检验，因为公园的名声持续不衰。

墨尔本 Frankston 滨海区景观设计

Frankston Foreshore Precinct

项目名称：墨尔本 Frankston 滨海区景观设计
项目地址：澳大利亚 Frankston

Frankston 滨海区是一个大型的市民活动空间和停车场，连接商业区与自然滨海区，是当地居民和游客集中的一个娱乐中心。

设计就打破了通常滨海景观与海滩平行的模式，通过各种不同的活动的设置、铺地形式、艺术品、跨越 kananook 河的地标性的景观桥以及植物配置，打造与海滩垂直的景观带，将人们引向滨海区域。

本项目发展的意义重大，通过打造滨海公共空间，将城市引向海边。这本来不是最初设计任务书的要求，然后，在总体规划设计的过程中，澳派抓住了这个机会，将项目现场设计成为滨海公共空间，并将停车场移到外围区域。此外，景观桥也成为 Frankston 的城市地标，城市重新繁荣的象征。

本项目标志着 Frankston 城市做为高品质的公共滨海区的一系列项目的开端。

横滨国际枢纽港口
Yokohama International Port Terminal

项 目 名 称：横滨国际枢纽港口
项 目 地 址：日本 横滨
项 目 面 积：48,000 平方米
摄　　　影：Satoru Mishima

横滨国际枢纽港口是交通空间和城市设施相结合的新形式。设计师没有脱离城市的文脉，没有将其认为是码头上的一个建筑，而是将其设计成为码头地表的延伸，同时有着枢纽的功能，并在枢纽的屋顶上创造出了一个极其巨大的城市公园。

为了保证该枢纽最大量的城市生活，建筑围绕一个循环系统而组织，这一系统需要考虑码头的线性结构特点和循环方向性的挑战，运用一系列的程式——特殊化连锁循环回路，以产生一种不间断的、多方向性的空间，而不是传统意义上的引导人流去固定的方向。

建筑被设计为城市地面的延伸物。作为一种系统转换的结构，循环线路模式变为有着两个表面交叠的、可进行多个项目的模式。为了拥有最大的灵活性，建筑采取了独一无二的结构系统，以避免折叠表面的主要部分因垂直结构而产生中断。折叠面钢架和混凝土梁的混合结构系统，使得整个结构系统与对角线上的折叠表面相一致，这在处理日本标志性地理活动——地震运动产生的侧切力时尤为合适。

折叠表面的建筑系统将航行枢纽的灵活性发挥到最大——不仅综合了循环、项目和结构系统，也探索了它们之间的不同，以创造出多样的空间。

悉尼海洋生物站公园
Marine Biological Station
Park, Watsons Bay, Sydney

项目名称：悉尼海洋生物站公园
项目地址：澳大利亚 悉尼
摄　　影：Simon Wood

该设计获得了澳大利亚新南威尔士州景观设计协会推荐奖。混凝土石板形成一条自然的休闲小道通向海边。海滩设有一片宽阔、超大型的座椅和台阶，通向 Camp Cove 海滩。周边自然环境与简洁的公园设计巧妙结合，形成了公园的美学特色。现浇预制混凝土的处理方法多样，包括自然粗糙的一面，与海滩前方乡土风格保持一致；也有精美简约的一面。混凝土石板休闲小道，一直通向海边，混凝土上刻着字 展现项目现场的历史。在设计中采用多项生态措施，确保公园环境的可持续发展。例如，公园种植本土植物，不需要灌溉；设计的所有要素都是耐用、新颖的，不需要进行定期维修；维护保护区，尽可能使用砂岩来建筑墙体。

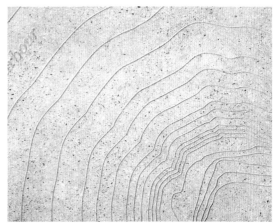

海南香水湾君澜海景别墅酒店

Perfume Bay, Hainan Narada
Ocean View Villa

项 目 名 称：海南香水湾君澜海景别
墅酒店
项 目 地 址：海南省陵水县
项 目 面 积：87,000 平方米

　　海南香水湾君澜海景别墅酒店位于香水湾，牛岭之南，与亚龙湾、海棠湾一起构成中国热带海滨度假的黄金海岸。业主希望建造一座高品质的度假及 SPA 酒店，使其成为服务于成功人士及商业团体的休闲娱乐场所，成为中国最具有影响力的疗养场所。

　　结合现代中国式的建筑，景观设计以现代结合传统的中国风格为主，设计理念以传统的中国文化及当代中国的生活方式为基础。设计灵感源于中国历史文化内涵及基地的自然纹理，设计语汇上希望达到对中国传统文化及中国传统庭院设计的再诠释。

　　根据基地背山面海、北接自然田园的基地特点，将别墅由北到南分别定义为山景别墅、园景别墅及海景别墅，并将这一设计概念贯彻于场地竖向设计及景观设计当中。空间设计上，分别借鉴中国主要传统景观流派的设计手法。空间尺度由大到小，中轴线会所区域借鉴中国皇家园林的尊贵大气、对称规整；别墅间的花园空间汲取江南园林的清雅秀气、通幽自然；别墅内院子贯彻岭南园林的中西结合、小中见大。

南京 1865 创意产业园

Nanjing 1865 Creative Industry Park,
Half-landscape Planning and Design

项 目 名 称：南京 1865 创意产业园
项 目 地 址：江苏省南京市

　　1865 创意产业园区坐落于南京的老城南，北临秦淮河和明城墙，西临明代大报恩寺遗址和中华门城堡。园区内现存有部分清代建筑，民国建筑，20 世纪六七十年代建的工业厂房以及金陵制造局遗址，园区内的建筑、工业遗址及秦淮河两岸自然风光保留完好。

　　在保持原有厂区整体规划格局的基础上，尊重原有的自然、人文风貌，最大限度地挖掘其历史人文价值，创造出既符合城市发展更新要求，又能满足现代都市市民新的工作、休闲方式需要，既能体现浓郁的历史氛围，又具有现代气息的新型都市创意产业园区。

　　该设计理念是将高低起伏的地形、蜿蜒秀美的秦淮河、古朴厚重的明城墙、葱郁的自然植被以及具有历史价值，反映中国近代工业风貌的南京晨光机械制造厂（原金陵制造局）遗址等均被纳入到设计构思之中。

　　在满足开发项目特点与使用功能的前提下，景观设计着重强调景观要素的规划与整合，将新老建筑融入到整个开发园区的功能分

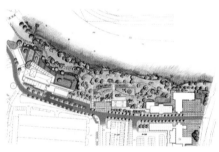

区中，通过视景组织、空间转换、交通规划、 意境创造等手段形成
完整而富于变化的景观空间环境。将历史性、生态性、亲水性、休
闲性充分地体现在整个环境景观设计中。

运河东岸设计
Design of the East Bank of the Canal

项目名称：运河东岸设计
设 计 师：武荷苣，谌燕灵，方重图，
裴常恩

现状分析

运河东岸景观设计项目范围，从城市快速路石祥路至大关路段，运河东岸丽水路到运河河边的用地。全长约 3.3 千米，总用地面积约 11.4 万平方米，主要为沿运河的河边绿地景观。地块最大进深 140 米，最小进深 5 米。

设计构思

作为整个杭州运河旅游线的启动区块，设计围绕运河文化旅游线展开，全线景观设计强调"亲水性、文化性、生态性、景观性和人性化"概念，既挖掘历史文化底蕴，同时又满足新时代的需求。以已建成的运河文化广场为主体，强调景观"认知"特色，使游客能更全面深入地了解运河的历史。设计主要分两个标段。

·青莎古镇

以青莎古镇为主体，再现传统滨水古镇风貌。青莎古镇本是依托杭州运河北新关而发展起来的运河小镇，著名古建和园林学家陈

从周先生就出生在这个小镇上，在其散文《故居》中，陈先生描述到："父亲自立后在杭州城北青莎镇散花滩建造了房子，我出生在这里，散花滩又名仓基上，可能南宋时为藏粮之处，四面环水，有三座桥通市上，三洞的华光桥，一洞的黑桥，还有一座叫宝庆桥。"整个景观设计构景依据陈从周先生的描述，进行了引用和提炼。引水入岸围绕成一个三面环水的亲水平台即"北新关广场"，广场上树一对象征北新关的标志性桅杆，平台通过两座桥梁和城市道路及南面沿河绿化带相连，作为主入口的桥梁一座取名"华光桥"，另一座取名"宝庆桥"。同时该平台也是整个青莎镇的主要入口广场，广场周围以樱花和桃花林结合卵石滩体现"散花滩"的意境。根据原有民居建筑的型制和造型进行原地重建，整合成传统民居院落和

街巷空间特色浓郁的步行街区，可引入"天禄堂国药"、"仁号南货"、"同福泰"等老字号特色店铺和尚德堂、水竹居等配套服务建筑，还可设置北新关历史展馆等文化娱乐设施。除此之外还可利用古街和广场开展庙会、放河灯、文化节等活动。

此外，在主体景观的南北两侧还设置了"青莎古镇牌坊"、"运河特色雕塑之路"、"西山晚翠亭"、"桐心缘"等景点。

青莎古镇牌坊：作为青莎古镇北入口的标志。

运河特色雕塑之路：丰富沿河立面。一条游览步道穿越其间，蜿蜒起伏，两侧设置各种运河相关的雕塑小品，增加游览的趣味性。

西山晚翠亭：位于大关桥桥头堆坡的坡顶，是整个景区的制高点，也是景区的南入口。

桐心缘：是位于古镇北侧与牌坊之间保留的法国梧桐树下营造的景观。

青莎古镇的交通系统设置了两条并行的游览线贯穿南北，主游线位于地块中间，设有电瓶游览车道贯穿各大景点，并与整个运河的游线联通。次游线紧贴运河设置，为亲水休闲游线。

• 北星公园

北星公园是整个运河东岸北端的核心开放空间，公园以新建茶室、水上船坊等休闲设施为景观主体，结合运河滨水空间，行人可以漫步在河边别致的步行道上，也可以独坐岸边小憩，自然的岩石结合不经意的雕塑沿水岸随意放置，唤起人们对古运河历史变迁的回忆。